草地贪夜蛾防控手册

吴孔明 等 著

中国农业科学技术出版社

图书在版编目（CIP）数据

草地贪夜蛾防控手册 / 吴孔明等著. — 北京：中国农业科学技术出版社，2020.3（2021.9重印）
  ISBN 978-7-5116-4651-4

Ⅰ.①草… Ⅱ.①吴… Ⅲ.①草地—夜蛾科—病虫害防治—手册 Ⅳ.①S812.6-62

中国版本图书馆CIP数据核字（2020）第043051号

责任编辑	闫庆健　马维玲　王思文
责任校对	李向荣
责任印制	姜义伟　王思文

出 版 者	中国农业科学技术出版社
	北京市中关村南大街12号　邮编：100081
电　　话	（010）82106632（编辑室）（010）82109704（发行部）
	（010）82109702（读者服务部）
传　　真	（010）82106625
网　　址	http://www.castp.cn
经 销 者	各地新华书店
印 刷 者	中煤（北京）印务有限公司
开　　本	850毫米×1168毫米 1/32
印　　张	2
字　　数	31千字
版　　次	2020年3月第1版　2021年9月第6次印刷
定　　价	20.00元

◆━━◆ 版权所有·侵权必究 ◆━━◆

《草地贪夜蛾防控手册》
著者名单

吴孔明　杨现明　赵胜园

吴秋琳　何莉梅　张浩文

前言

草地贪夜蛾 2016 年以来已先后入侵非洲、亚洲和大洋洲的许多国家，成为影响全球粮食安全的重大害虫。据联合国粮食及农业组织（FAO）报道，草地贪夜蛾在 12 个非洲国家的为害每年可造成玉米减产 830 万～2060 万吨，相当于损失 4000 万到 1 亿人的口粮，并带来由于大量使用化学杀虫剂产生的人类健康和环境安全问题。鉴于草地贪夜蛾为害的严重性，FAO 于 2019 年 12 月发起全球防控行动，旨在动员组织各方力量，建立全球合作机制，有效控制草地贪夜蛾的发生为害和降低向新地区的扩散风险。

草地贪夜蛾 2018 年 12 月侵入我国后，党中央、国务院高度重视，习近平总书记多次作出重要指示，李克强总理、胡春华副总理对打好防控攻坚战、确保粮食安全提出了明确要求。韩长赋部长等部领导多次作出重要批示，农业农村部迅速组织动员，狠抓监测预警、统防统治和联防联治工作，打赢了2019年"虫口夺粮"的应急攻坚战。

中国农业科学院党组高度重视草地贪夜蛾防控的科技创新工作，于2019年1月与全国农业技术推广服务中心等单位建立了产学研一体化联合工作机制，并紧急启动草地贪夜蛾重大科技任务。我们基于对草地贪夜蛾的认识和近期的研究进展编撰了本书，重点介绍草地贪夜蛾的形态特征、生活习性、发生规律、测报技术和防控措施，以期为基层农业技术人员和农民的防控工作提供帮助。

2020年3月

目录 Contents

绪 言 ... 1

一、草地贪夜蛾的形态特征 ... 4

二、草地贪夜蛾的取食为害特点 ... 10

三、草地贪夜蛾生物学习性 ... 16

四、影响草地贪夜蛾发生的环境因子 ... 19

五、草地贪夜蛾的迁移为害规律 ... 27

六、草地贪夜蛾的测报技术 ... 30

七、草地贪夜蛾的综合防治技术 ... 42

绪 言

草地贪夜蛾原生于美洲热带和亚热带地区。其在北美洲的周年繁殖区北至美国的佛罗里达州和得克萨斯州的南部地区,春夏季可向北进行季节性"覆瓦式"迁飞,最远可到达加拿大的安大略和魁北克地区。草地贪夜蛾在南美洲的周年繁殖区可南至秘鲁的拉潘帕,通过迁飞可到达智利和阿根廷的北部地区。

2016年1月,来自北美洲的草地贪夜蛾入侵非洲西部的尼日利亚和加纳,随后蔓延至贝宁、圣多美和普

林西比、多哥等国。到2017年8月,已扩散到安哥拉、博茨瓦纳、布隆迪等撒哈拉沙漠以南的28个非洲国家。2018年5月,草地贪夜蛾侵入亚洲的也门和印度,随后迅速扩散至孟加拉国、老挝、斯里兰卡、缅甸和泰国等亚洲国家(图1)。2018年12月11日,草地贪夜蛾从缅甸迁飞进入我国云南普洱地区,到2019年10月已蔓延至西南、华南、华中、西北和华北地区的26省(区、市),成为影响中国粮食安全和生态安全的重大问题。

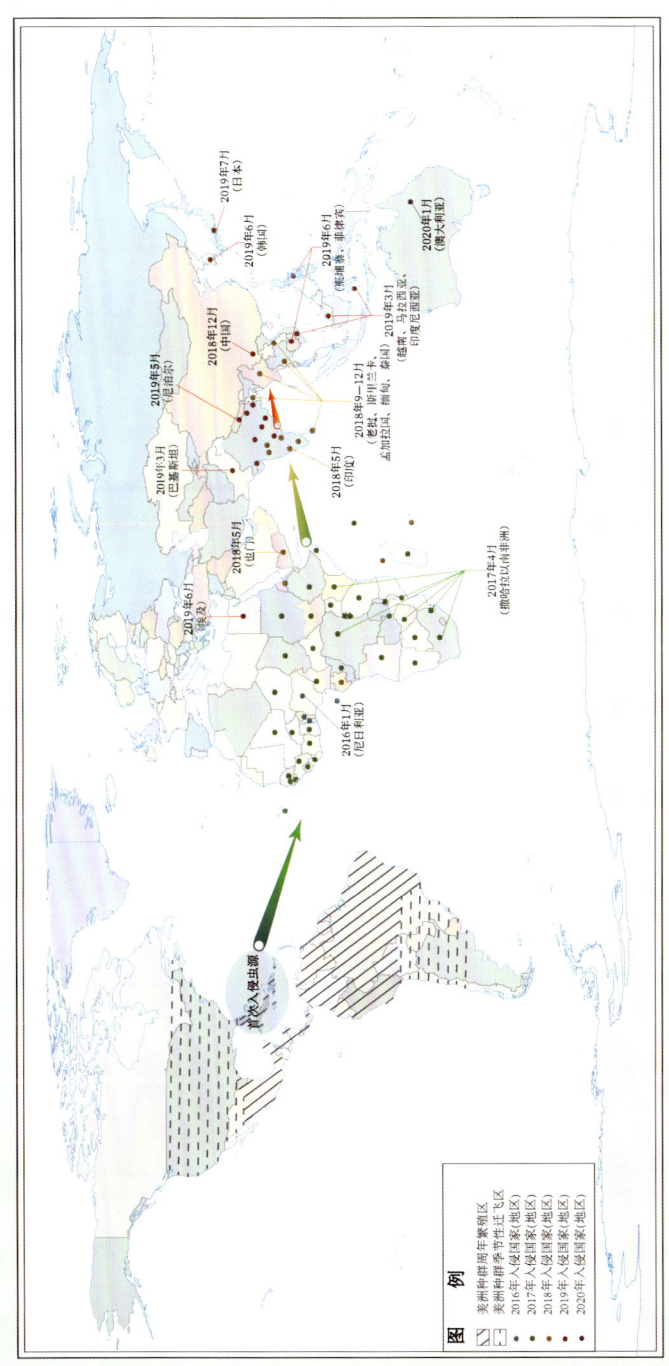

图 1 草地贪夜蛾世界分布及扩散过程示意 [审图号：GS（2016）1663号]

一、草地贪夜蛾的形态特征

草地贪夜蛾属于全变态昆虫，分为卵、幼虫、蛹和成虫4个发育阶段。

卵：草地贪夜蛾产卵方式为块产，卵粒紧密排列，一般有2～3层，卵块表面覆盖雌虫腹部鳞毛，形成保护层（图2）。卵粒顶部稍隆起，底部扁平，呈圆顶形，直径约为0.4 mm，高约为0.3 mm，卵粒表面具

图2 草地贪夜蛾卵块及幼虫孵化过程的卵粒颜色变化

一、草地贪夜蛾的形态特征

多条细密纵棱和横纹,形成放射状花纹,并有一定光泽。初产卵粒呈淡绿色,逐渐变褐,即将孵化时成灰黑色,卵壳透明或米白色,可见内部幼虫个体。

幼虫:幼虫正常情况下有6个龄期(图3),在低温等逆境下会出现7龄的现象。幼虫龄期划分主要依据蜕皮次数,龄期=蜕皮次数+1,头壳大小是判断龄期的重要依据,同时在形态特征上不同龄期幼虫也具有较大差异。典型识别特征为:头部蜕裂缝和第一胸节背中线形成白色"Y"形纹,腹部第8腹节背面的4个黑色毛瘤呈正方形排列(图4)。不同龄期幼虫的体型、体色、体表条纹和习性有较大变化。初孵幼虫体呈灰黑色,体表条纹不明显,密布黑色刚毛和毛瘤,随着幼虫

图3 草地贪夜蛾1~6龄期幼虫的形态特征

龄期增加,体表条纹、头部典型白色"Y"形纹和网状纹趋于明显。

图4 草地贪夜蛾幼虫典型识别特征

1龄幼虫头部黑色且有光泽,体长约1 mm;头壳黑色,宽0.3~0.4 mm;体线不明显,前胸节黑色,中胸节与后胸节背面小黑点成一排。腹部第8腹节背面4个毛瘤呈正方形排列,其他各腹节背面小黑点呈梯形,无足腹节腹面均具有一排小黑点。

2龄幼虫体长3~6 mm,头壳褐色或黑色,白色"Y"形纹不明显,宽约0.5 mm;各体线明显,均为白色;腹部侧缘出现连续的红褐色斑纹,7~9腹节较深,为2龄典型特征。

3龄幼虫体长6~11 mm,背面体色绿色或褐色,腹面为白色;头壳褐色或黑色,宽约0.8mm,头部蜕裂线与傍额片为淡白色或淡黄色，形成明显的白色"Y"形纹，为3龄与2龄主要区别。

4龄幼虫体长12～20 mm，体色绿色或褐色，头壳白色"Y"形纹明显，两侧开始出现网状纹，为与3龄幼虫主要区别。

5龄幼虫体长20～35 mm，体色褐色或墨绿色；头壳网状纹向头顶延伸至蜕裂线为区别于4龄幼虫主要特点。

6龄幼虫体长35～45 mm，体色多为褐色。头壳褐色至黑色，宽约2.8 mm，"Y"形纹、网状纹明显，在胸部和腹部节间，两侧腹足之间以及胸部体节背面均有排列整齐的细小黑点。

蛹：被蛹体长15～17mm，宽4.5 mm，化蛹初期蛹呈淡绿色，逐渐变为红棕色至黑褐色（图5）。第2～7腹节气门呈椭圆形，开口向后方，围气门片黑色，第8腹节两侧气门闭合。第5～7腹节可自由活动，后缘颜色较深，前缘具磨砂状刻点。腹部末节具两根臀棘，臀棘基部较粗，分别向外侧延伸呈"八"字形，臀棘端部无倒钩或弯曲。草地贪夜蛾雌雄蛹主要区别：**雌蛹的生殖孔**（图6A–f）位于第7～8腹节，第8～9腹节腹面后缘向前凹，形成两个"人"形；雄蛹的生殖孔

(图6B-f)位于第9腹节,形成纵裂缝,两侧呈明显的两个瘤状凸起;第8~9腹节腹面后缘不向前凹。

图5 草地贪夜蛾蛹发育过程中的体色变化(室内25℃)

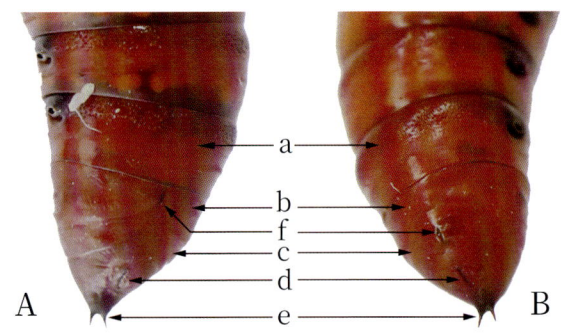

图6 草地贪夜蛾雌、雄蛹的识别特征(A-雌蛹;B-雄蛹)
a-第7腹节;b-第8腹节;c-第9腹节;d-肛门;e-臀棘;f-生殖孔

成虫:草地贪夜蛾成虫具有二型现象,雌雄成虫形态特征差异较大(图7)。雄虫翅展32~40 mm,体长16~18 mm,头、胸、腹灰褐色。前翅狭长,灰褐色,夹杂白色、黄褐色与黑色斑纹;环形纹、肾形纹明显,

一、草地贪夜蛾的形态特征

图7 草地贪夜蛾雌、雄成虫识别特征

环形纹黄褐色，边缘内侧较浅，外侧为黑色至黑褐色，环形纹上方有一片黑褐色至黑色斑纹；肾形纹颜色灰褐色，前后各有一黄褐色斑点，后侧斑点较大，左右两侧均有一白斑，左侧白斑可与环形纹相连，渐变为黄褐色；前翅翅基有月牙形黑色斑纹，顶角有大白斑，后翅白色，且外缘有灰色条带，前胸腹面鳞毛红棕色至黑色，为雄虫典型特征。雌虫翅展 32～40 mm，头、胸、腹、前翅均为灰褐色。前翅狭长；环形纹、肾形纹明显，环形纹内侧为灰褐色，边缘为黄褐色；肾形纹灰褐色夹杂黑色和白色鳞片，边缘为黄褐色，不连续；肾形纹与环形纹有一条白色线相连；外缘线、亚缘线、中横线、内横线明显，外缘线黄白色，亚缘线白色，中横线黑色波浪状，内横线黑褐色；后翅白色，外缘具灰色条带。

二、草地贪夜蛾的取食为害特点

草地贪夜蛾为杂食性害虫，幼虫可取食 76 科 350 多种植物，包括玉米、高粱、小麦、水稻、甘蔗、大麦、稗草、早熟禾、黑麦草和红毛草等 106 种禾本科植物，向日葵、藿香蓟、金盏菊、除虫菊、红花、蒜叶婆罗门参、小飞蓬、鬼针草等 31 种菊科植物，花生、豌豆、紫花苜蓿、黑荆、刀豆、胡枝子、黄香草木樨和紫藤等 31 种豆科植物，苋菜、菠菜、甜菜、藜等 13 种苋科、藜科植物。入侵我国后主要为害玉米、甘蔗、高粱、谷子、小麦、大麦、薏米、花生、大豆、向日葵、莪术、香薰、生姜、竹芋、马铃薯、油菜、辣椒和甘蓝等植物，以及皇竹草、马唐、牛筋草、苏丹草等禾本科杂草。草地贪夜蛾可分为"玉米型"和"水稻型"。"玉米型"主要为害玉米、棉花和高粱等植物，"水稻型"主要为害水稻和各种牧草。分子鉴定表明入侵中国的草地贪夜蛾种群为来自美国东南部佛罗里达一带的"玉米型"，其中核基因为"玉米型"而

二、草地贪夜蛾的取食为害特点

线粒体基因为"水稻型"的杂合体玉米型占主导地位，基因纯合的玉米型低于10%。

入侵草地贪夜蛾幼虫嗜食玉米的细嫩部位和繁殖器官（图8）。在玉米营养生长期，1～3龄幼虫通常藏匿于心叶中或在叶片背面取食，取食后形成半透明薄膜"窗孔"（图8）。4～6龄幼虫可啃食叶片产生点片破损，钻蛀生长点形成叶片上的成排孔洞，5～6龄幼虫可钻蛀苗期玉米根茎，造成"枯心苗"。在生殖生长期，1～3龄幼虫主要取食花丝，影响授粉造成果穗缺粒；4～6龄幼虫可钻蛀雄穗影响花粉成熟，钻蛀果穗啃食籽粒直接造成减产。草地贪夜蛾为害玉米可造成50%以上的产量损失，严重地块可导致绝收。此外，草地贪夜蛾钻蛀果穗形成的孔洞，还加重了腐生性蠼螋、叩甲和穗腐病等其他病虫害的发生为害。如无玉米种植或玉米面积较小，草地贪夜蛾将为害小麦、高粱、花生等作物以及牛筋草等杂草，对麦类作物的为害可发生于各个生育期，苗期为害可引起缺苗断垄（图9至图13）。

图8 草地贪夜蛾为害玉米症状

1- 低龄幼虫取食造成半透明"窗斑";2- 高龄幼虫钻蛀根茎造成"枯心苗";3～4- 幼虫钻蛀喇叭口心,叶片伸展后成排穿孔;
5- 幼虫啃食花丝;6- 幼虫啃食雄穗;7- 高龄幼虫钻蛀果穗;
8- 高龄幼虫取食玉米籽粒;9- 钻蛀果穗间接造成穗腐病

二、草地贪夜蛾的取食为害特点

图9 草地贪夜蛾为害小麦症状
1-幼虫取食叶片；2-半透明"窗斑"叶片；3-分蘖期整株受害小麦；
4-叶片被啃食；5-缺苗断垄；6-抽穗期小麦受害

图10 草地贪夜蛾为害花生症状

1-低龄幼虫为害生长点；2-半透明状窗孔；3-高龄幼虫取食叶片；
4-叶片缺刻和空洞；5-土壤表面的老熟幼虫

图11 草地贪夜蛾为害果蔗症状

1-高龄为害叶片导致半透明状窗孔；2~3-为害叶片导致缺刻

二、草地贪夜蛾的取食为害特点

图12 草地贪夜蛾为害牧草-皇竹草症状

1～2-为害叶片导致半透明状窗孔

图13 草地贪夜蛾为害牛筋草症状

1～2-低龄幼虫取食叶片形成透明"窗斑"、穿孔；

3～4-高龄幼虫啃食叶片造成叶片折断

三、草地贪夜蛾生物学习性

成虫：草地贪夜蛾成虫主要在夜间羽化并进行迁飞、取食、交配和产卵等活动。成虫具有趋光性，对绿光（500～565 nm）、黄光（565～590 nm）和白光（可见光）行为选择性较强。草地贪夜蛾具有访花习性，可取食向日葵、蒲公英、油菜、蔷薇、松树等植物的花蜜或花粉。一般在温暖、潮湿的夜晚较为活跃，取食花蜜后的飞行和繁殖能力显著增强。成虫羽化后1～5天均有较强的飞行能力，以第3天的飞行能力最强，随后飞行能力逐渐下降。20～25℃和60%～90%相对湿度是草地贪夜蛾成虫飞行的最适温、湿环境。在最适温、湿度条件下使用飞行磨连续吊飞5个夜晚，个体自主飞行距离可超过160 km。草地贪夜蛾具有专性迁飞昆虫的特性，飞行活动可以促进卵巢和精巢的发育。成虫可迁飞1～3个夜晚，单个夜晚可随风迁移100 km以上，如无合适的产卵寄主植物下一个夜晚将继续迁飞。

成虫寿命7～21天,羽化后即可取食花蜜并开始迁飞活动。交配多发生于首次迁飞活动降落后,可1次或多次交配。单头雌虫一生可产5～10个卵块,500～1500粒卵。产卵量呈现随蛾龄的增加先上升后下降的趋势,产卵时间多集中于晚间至凌晨。成虫羽化后一周内的产卵量占总产卵量的68%,卵主要产于植株顶部叶片的正面或背面,叶鞘或茎秆的落卵量较少。

幼虫:初孵幼虫聚集为害,趋嫩性明显。可吐丝随风迁移扩散至周围植株的幼嫩部位或生长点。幼虫白天潜藏于植株心叶、茎秆或果穗内部、土壤表层,夜晚出来取食为害。幼虫发育进入3龄后具有自相残杀的习性,低龄和高龄幼虫共存时一般会被高龄幼虫杀死。和多数鳞翅目害虫不同,草地贪夜蛾幼虫还具有捕食特性,可驱赶攻击和取食一些种类的昆虫(图14)。多数老熟幼虫钻入土壤化蛹,受土壤质地、温度与湿度的影响,化蛹深度一般2～8 cm,个别老熟幼虫亦可以直接在玉米穗等植株部位化蛹(图15)。老熟幼虫将土壤颗粒与茧丝结合在一起构造成茧,形状为椭圆形或卵形,长度为1.4～1.8 cm,宽约4.5 cm。如果土壤太硬,幼虫会将植物叶片和其他物质粘在一起,形成土壤表面的茧。

图 14　草地贪夜蛾捕食黏虫

图 15　草地贪夜蛾蛹、蛹室及化蛹位置

1-老熟幼虫；2-蛹室正面；3～4-蛹室剖面及深度；
5-蛹室大小；6-玉米穗部化蛹

四、影响草地贪夜蛾发生的环境因子

草地贪夜蛾的种群发生程度受环境温度、降雨、寄主植物、天敌和农药使用等多种因素的影响。

1. 温度

温度是影响草地贪夜蛾生长发育、繁殖及分布的最重要环境因子。草地贪夜蛾不同性别和发育阶段的发育起点温度不同。卵、幼虫、蛹、卵到蛹和全世代的发育起点温度分别为10.27、11.10、11.92、11.34和9.16℃。在较适宜的温度条件下（30℃），草地贪夜蛾30天左右就可完成一个世代，而在较低温度下（15℃），幼虫期的发育时间可长达50~60天、蛹的发育期超过40天，完成一个世代需要3个月以上的时间（表1）。在低于15℃或高于35℃的极端温度条件下，幼虫的死亡率较高，化蛹率较低，羽化的成虫也容易畸形，不利于种群增长。

表1 草地贪夜蛾在不同温度条件下的生长发育参数
（环境湿度80%，光周期16h:8h）

生长发育参数		温度				
		15℃	20℃	25℃	30℃	35℃
发育历期（天）	卵	8.38	5.00	3.00	2.00	2.00
	幼虫	55.26	25.95	14.01	10.48	9.58
	蛹	43.00	18.08	9.87	6.76	6.48
	成虫	4.44	21.56	13.12	11.77	11.21
	全世代	109.83	69.18	38.69	31.16	27.38
老熟幼虫存活率（%）		77.90	98.33	100.00	100.00	99.58
老熟幼虫化蛹率（%）		65.11	97.03	91.25	87.92	33.42
蛹重（mg）		229.5	253.2	248.5	241.2	231.3
蛹的存活率（%）		7.47	88.23	94.46	74.04	72.05
蛹羽化率（%）		24.44	92.05	81.23	74.03	71.91
产卵前期（天）		—	8.83	6.19	7.05	8.07
产卵期（天）		—	8.98	4.32	4.08	2.81
平均单雌产卵量（粒）		—	912.10	736.66	403.64	175.16
雌蛾交配次数（次）		—	1.30	1.04	1.58	1.50
卵的孵化率（%）		—	66.19	83.03	40.08	0.00

草地贪夜蛾成虫繁殖的最适温度为20～25℃。其在20℃时的平均产卵量可达912粒，随着温度的升高而显著降低，温度高于30℃时，草地贪夜蛾的产卵量和卵的孵化率均大幅度降低，产卵量仅为175粒，超

四、影响草地贪夜蛾发生的环境因子

过35℃时卵不能正常孵出幼虫；低于15℃时成虫活动能力降低，不能正常产卵。成虫的交配也受温度的影响，温度过高或过低都会使交配率降低，在20℃时的交配率达91%，而35℃时仅为41.41%，15℃时则不能完成交配活动。草地贪夜蛾耐寒能力随着幼虫龄期升高而越强。在13℃下，草地贪夜蛾的卵可以存活10天以上，初孵幼虫可存活超过1周，高龄幼虫可存活2个月以上。草地贪夜蛾的卵、幼虫、蛹和成虫在0℃以下均很快死亡。

2. 降雨和风

降雨可影响草地贪夜蛾的种群发生。蛹期缺水对其存活率或发育速度没有直接影响，但降雨和灌溉都不利于蛹的存活。暴雨可使玉米心叶中的幼虫溢出或淹死，降雨和灌溉可破坏蛹室，导致蛹窒息死亡或羽化失败，也可使蛹道土质硬化，导致成虫羽化后不易飞出。降雨和湿度影响草地贪夜蛾的迁飞活动。草地贪夜蛾会在适宜的湿度条件下起飞，湿度过高将增加飞行的能耗，湿度过低会引起迁飞过程的虫体失水。迁飞过程中的降雨还将导致蛾子的降落。此外，高湿环境有利于病原微生物的感染，容易引起成虫疾病的流行。风对成虫的迁飞活动影响较大。迁飞方向多为顺风位移以减少自身能量的消耗，风速较大迁飞距离就越远。

3. 寄主作物

草地贪夜蛾的发育历期、成活率与繁殖跟寄主植物的种类密切相关（表2）。在温度25℃、湿度75%的条件下，取食玉米的草地贪夜蛾幼虫成活率在93%以上，15天左右就可化蛹；取食小麦和油菜的幼虫成活率为65%～80%，18天左右化蛹；取食高粱、向日葵和花生的幼虫成活率虽达70%～90%，20天左右化蛹；而取食大豆的幼虫存活率仅为44%，需24天才能化蛹。取食玉米、小麦、高粱、花生、向日葵等的蛹历期为9～10天，而取食油菜的长达12天。取食玉米、小麦、高粱等禾本科植物的草地贪夜蛾成虫的寿命为17～22天，而取食大豆、花生、油菜和向日葵等非禾本科植物的成虫寿命仅为10～12天。取食水稻的多在幼虫期死亡，而不能化蛹。取食玉米的草地贪夜蛾成虫的产卵量也最高，平均产卵量达700粒。草地贪夜蛾在嗜好寄主植物玉米上的世代周期为1个月左右，而在小麦、高粱、油菜等植物上的世代周期超过1个月，在大豆上长达42天。在自

四、影响草地贪夜蛾发生的环境因子

表2 草地贪夜蛾取食8种作物的生长发育参数（环境温度25℃，湿度75%，光周期16h:8h）

生长发育参数		玉米	水稻	小麦	高粱	花生	大豆	油菜	向日葵
发育历期（天）	幼虫	15.40	32.00	18.46	19.40	19.33	23.34	17.56	21.22
	蛹	9.87	—	9.91	10.60	10.86	9.25	12.04	10.27
	成虫	17.48	—	22.02	19.23	13.55	10.02	10.54	10.27
	幼虫至成虫	42.65	—	50.50	49.08	43.75	41.97	40.67	41.71
幼虫存活率（%）		93.33	0.42	67.92	94.58	81.55	44.17	79.17	74.17
幼虫化蛹率（%）		86.65	0.00	76.63	83.67	99.44	66.82	55.22	82.56
蛹重（mg）		154.6	—	150.4	142.9	177.5	148.3	192.5	174.7
蛹的存活率（%）		86.09	—	82.24	85.81	95.44	85.89	64.24	83.68
蛹羽化率（%）		94.59	—	92.57	93.18	91.44	81.33	54.99	74.81
产卵前期（天）		5.85	—	7.35	7.20	6.45	5.27	5.43	5.59
产卵期（天）		7.92	—	6.48	7.05	5.45	5.55	5.61	5.70
平均单雌产卵量（粒）		699.66	—	587.00	525.48	637.04	421.20	553.14	538.07
雌蛾交配次数		1.47	—	1.42	1.34	1.18	1.45	1.11	1.28
卵的孵化率（%）		78.4	—	73.02	58.03	81.86	73.54	72.5	65.24
平均世代周期 T		35.19	—	38.08	39.64	40.26	41.55	35.42	35.98
净增殖率 R_0		183.73	—	77.33	98.38	228.55	35.31	58.30	126.77
内禀增长率 r_m		0.14	—	0.11	0.12	0.13	0.09	0.12	0.13
周限增长率 λ		1.16	—	1.12	1.12	1.14	1.09	1.12	1.14

然界，草地贪夜蛾的首选寄主植物是玉米。在没有玉米或者玉米面积较小的情况下，蛾子会选择其他作物产卵。特别是秋季多数地方的玉米进入成熟收获期后，草地贪夜蛾会陆续转移到秋季播种的大麦、小麦和油菜等作物上繁殖为害。

4. 天敌

草地贪夜蛾的种群发生也受田间天敌的影响。目前，世界上已鉴定出寄生性天敌昆虫206种，捕食性天敌44种，还有病毒、细菌和真菌等多种病原微生物。在我国，草地贪夜蛾的捕食性天敌昆虫有益蝽、蠋蝽、黄带犀猎蝽、叉角厉蝽、南方小花蝽、东亚小花蝽、大眼蝉长蝽、黑红赤猎蝽、黄足直头猎蝽、蓝蝽、异色瓢虫、龟纹瓢虫、黑带食蚜蝇、大灰食蚜蝇、大草蛉、中华草蛉、黄足肥螋、双斑异螋等；寄生性天敌昆虫有棉铃虫唇齿姬蜂、螟蛉盘绒茧蜂、夜蛾黑卵蜂、长距姬小蜂、菜粉蝶盘绒茧蜂、红腹侧沟茧蜂、中红侧沟茧蜂、赤眼蜂（科）、温寄蝇（属）、麻蝇（科）等。常见天敌种类如图16所示。

四、影响草地贪夜蛾发生的环境因子

图16 草地贪夜蛾常见天敌种类

1-棉铃虫唇齿姬蜂幼虫；2-大眼蝉长蝽；3-白僵菌；4-肥螳螂；
5-叉角厉蝽；6-黄带犀猎蝽；7-钳形猫蛛；8-异色瓢虫若虫

5. 农药

化学防治是美洲地区控制草地贪夜蛾的主要手段之一。美洲长期的农药选择压已经导致草地贪夜蛾对包括拟除虫菊酯、有机磷和氨基甲酸酯类等 6 种作用方式的至少 29 种杀虫活性成分产生了不同程度的抗性。草地贪夜蛾对杀虫剂的解毒代谢作用增强以及杀虫剂靶标位点敏感性降低是抗药性产生的关键因素。微粒体氧化酶、细胞色素 P450s、谷胱甘肽 S- 转移酶、水解酶以及还原酶等多种解毒酶在草地贪夜蛾对杀虫剂的解毒代谢中发挥着重要作用。理论上,有机磷和氨基甲酸酯类杀虫剂作用于草地贪夜蛾的靶标为乙酰胆碱酯酶 AChE,除虫菊酯类农药的作用靶标是电压门控钠离子通道,对田间草地贪夜蛾种群的分子鉴定已证明相关靶标位点的基因发生了变异。我们对草地贪夜蛾入侵种群的抗药性测定和相关基因的分析结果与美国等对北美种群抗药性的研究结果基本一致。在对多种化学农药存在抗性的情况下,农药种类的选择对种群动态的演化趋势有极大的影响。如使用已产生抗性的农药,不仅不能控制草地贪夜蛾的发生与为害,还会因大量杀死天敌生物、破坏生态平衡,而导致草地贪夜蛾种群再猖獗。

五、草地贪夜蛾的迁移为害规律

依据草地贪夜蛾抗寒能力和越冬调查的研究结果并结合我国气候特点分析，草地贪夜蛾在我国的周年繁殖区应在1月平均温度10℃等温线以南的热带和南亚热带地区，此线的走向是从福建南平、广东韶关、广西壮族自治区（全书简称广西）河池、贵州黔西南布依族苗族自治州到云南保山方向，基本覆盖广东、广西、海南、台湾、福建及云南中南部。老熟幼虫和蛹的越冬区位于1月7℃等温线与周年繁殖区之间，大致包括浙江南部、江西中部和南部、湖南南部和贵州南部地区（图17）。

野外监测表明，草地贪夜蛾在我国存在频繁的远距离迁飞活动。2019年7月，我们在海南省三沙市永兴岛观测到草地贪夜蛾自越南一带向菲律宾方向跨越南海的迁飞活动。2019年9月，观测到草地贪夜蛾在华北和东北之间跨越渤海的迁移活动。草地贪夜蛾具有顺风定向飞翔的习性，其迁飞路径与季风有着密切的关系。

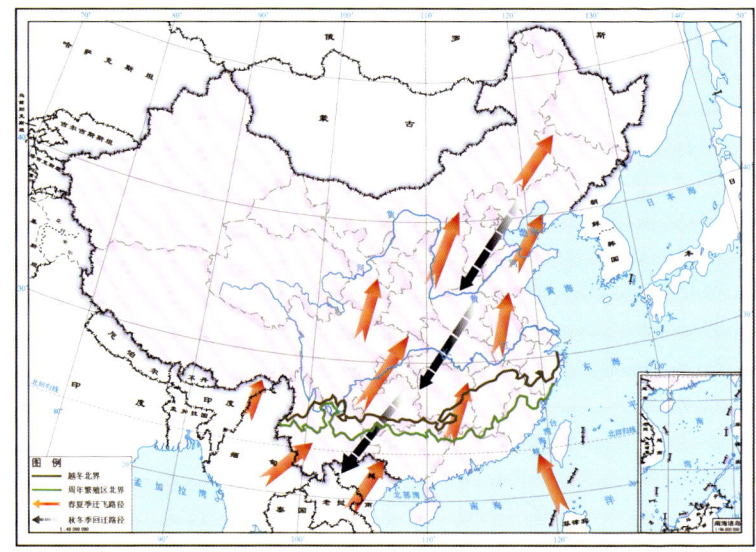

图17 草地贪夜蛾在我国的迁飞路线示意［审图号：GS（2016）1600号］

通过轨迹分析和地面调查明确了草地贪夜蛾在我国的迁飞路径（图17）。从迁飞的源头看，草地贪夜蛾分为国外虫源和国内虫源。国外草地贪夜蛾进入中国有四条迁入路径。一是由印度东北部、缅甸等地随5~6月西南季风进入中国西藏自治区（全书简称西藏）的林芝和昌都地区南部；二是由缅甸、老挝随西南气流迁入云南等地；三是由中南半岛于冬末春初随西南风迁入广西、广东及海南等地；四是由菲律宾随7~8月台风或热带气旋迁入东南沿海和中国台湾地区。

草地贪夜蛾在我国云南、广西、广东、海南、福建和台湾等省（区）的热带、南亚热带地区，一年可发生6～8代，是国内周年发生的虫源基地。其于3月开始迁入长江以南地区，全年可发生5～6代；长江流域繁殖的后代4～5月随盛行的偏南风向北迁飞，进入黄淮流域，在那里一年可发生4～5代；黄淮流域繁殖的后代在5～6月迁至华北平原后可发生3～4代；华北平原产生的种群于6～7月迁入东北平原发生2～3代。随着秋天的到来，从8月中下旬开始，东北、华北、黄淮和长江流域种群陆续随季风回迁到华南地区和缅甸等东南亚国家。部分不能发育至成虫的老熟幼虫和蛹留在当地越冬。理论上，离周年繁殖区较近的地方冬季温度相对较高，越冬成功率也较大。

六、草地贪夜蛾的测报技术

1. 草地贪夜蛾图像识别技术

人工识别草地贪夜蛾需要一定专业知识，因此结合人工智能和计算机技术构建了针对草地贪夜蛾的卵块、幼虫及成虫的识别模型，开发了易用的在线识别系统，用户可用手机拍照或直接上传图像进行实时识别。该系统对草地贪夜蛾的卵块、幼虫及成虫的识别精度超过90%（基于现有数据集）。系统分为微信小程序和PC版两个版本，微信小程序需要在微信客户端添加后使用，PC版可通过网页浏览器访问。小程序二维码及PC版的访问网址：http://migrationinsect.cn。详细使用方法及操作指引请参考系统的在线说明。

草地贪夜蛾图像识别流程分为图像识别和模型训练两部分（图18）：

（1）用户端通过手机拍摄卵块、幼虫或成虫的图片，应尽量保证图片的清晰度，将识别主体居中，同时

六、草地贪夜蛾的测报技术

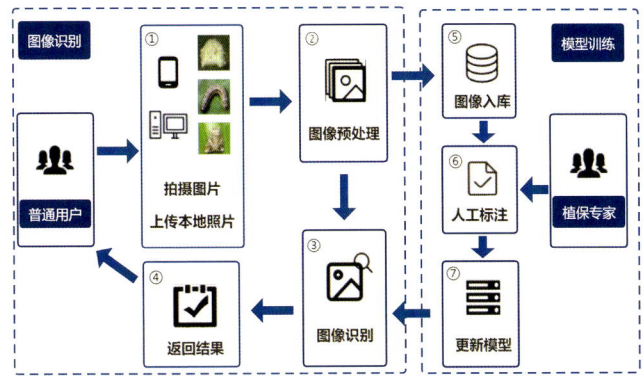

图 18　草地贪夜蛾图像识别流程

避免无关背景的影响。对已拍摄照片的识别，可选择上传手机或电脑的本地照片。

（2）图片上传至服务器端，将经过压缩，标准化的预处理。

（3）服务器端通过图像识别模型对图片进行识别和分类。

（4）将识别结果按相似度高低排序并实时返回至用户端。

（5）识别后的图片将转存至图像数据库中以积累样本数据。

（6）植保专家对图像数据库中新增图片进行测试，人工筛选，校验和标注，将符合条件的图片及对应的标签添加至图像识别训练集中。

（7）新增图片数量积累到指定规模后，系统基于新数据集进行模型再训练，并适当调整参数以达到最佳识别精度。

2. 成虫种群监测方法

（1）性诱剂监测及精巢解剖方法

昆虫雌虫分泌到空气中的性信息素可被雄虫识别，进而完成交配行为。利用人工化学合成模拟昆虫性信息素，并结合缓释技术制成性诱剂可以吸引雄性昆虫，干扰害虫的交配和繁殖。草地贪夜蛾性诱剂是人工合成的雌虫性信息素或类似物，能特异性地诱捕雄蛾，可用来监测成虫发生情况。在低矮作物田，田间设置桶型诱捕器3个，相邻两个诱捕器间距大于50 m，距田边5 m（图19、图20）。在高秆作物田，将诱捕器放置于风向上风处的田埂边，相邻诱捕器的间距大于50 m，与田埂距离1 m左右（图20）。诱捕器放置高度为距地面1 m左右或高于植物20 cm。诱芯置于诱捕器内，每日上午检查记录诱到的雄蛾数量。草地贪夜蛾的高质量诱芯持效期可达60天左右，诱芯具体更换时间查找产品说明书执行。虫量少时3～5天调查1次，虫量多时1～2天调查1次。

六、草地贪夜蛾的测报技术

雌蛾的羽化时间一般早于雄蛾1~2天,因此通过解剖雄蛾的精巢确定日龄后可推测雌蛾的发育状况。

图19 草地贪夜蛾桶型诱捕器

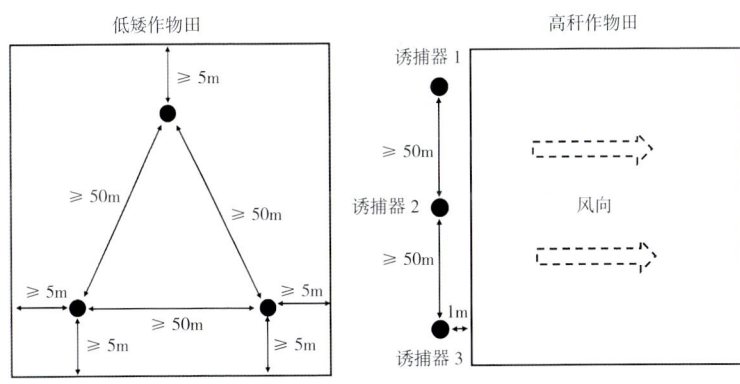

图20 性诱捕器设置方式

草地贪夜蛾精巢主要解剖方法为：用剪刀从蛾胸部向腹部尾端纵向剖开，并向两侧拉开体壁；拨开脂肪体及气管等组织后，钩住精巢的顶端后可将其拉出腹外，检查发育级别。

草地贪夜蛾在幼虫期具有一对乳白色肾形精巢，随着虫体发育颜色逐渐变黄，其精巢融合发生在前蛹期，蛹期第 5 天精巢融合已经完成，两个肾形精巢融合成一个不可分离的近球形黄色精巢，此后至成虫期保持单一融合精巢状态（图 21）。不同日龄草地贪夜蛾雄虫精巢长轴长度有显著性差异，随日龄增加不断减小。按照精巢长轴大小可判断雄蛾日龄，并据此反演重构田间雌虫、雄虫种群羽化的动态规律。

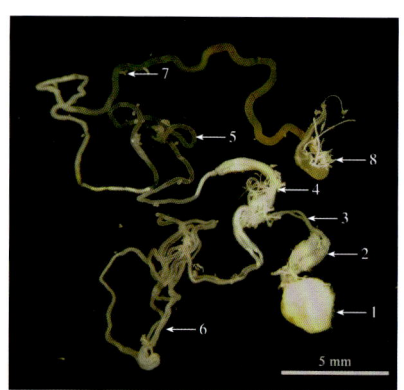

图 21　草地贪夜蛾雄虫生殖系统
1-精巢；2-贮精囊；3-输精管；4-双射精管；5-单射精管；
6-附腺；7-脂肪粒；8-阳茎

（2）灯诱监测及卵巢解剖方法

利用高空测报灯可监测草地贪夜蛾成虫迁移活动和种群动态。高空测报灯由1000 W金属卤化物灯、镇流器、时间和感光控制器、收虫和杀虫装置等部件组成（图22）。最好具有控温杀虫、烘干、雨天不断电、按时段自动开关灯等一体化功能，诱到活虫后能迅速杀死并保持翅体鳞片完整，翅征易于辨别。灯具可安装在楼顶、高台等相对开阔处，或放置在周边无高大建筑物遮挡和强光源干扰的田间。每日18:00开灯、次日7:00关灯。在观测期内逐日记载诱集的草地贪夜蛾雌虫、雄虫数量。单日诱虫量出现突增至突减期间的日期为盛发期。

根据草地贪夜蛾雌蛾卵巢的形状、卵粒发育状态以及卵黄沉积情况等指标，可划分卵巢发育级别，并根据卵巢发育级别预测产卵动态和幼虫发生期。草地贪夜蛾

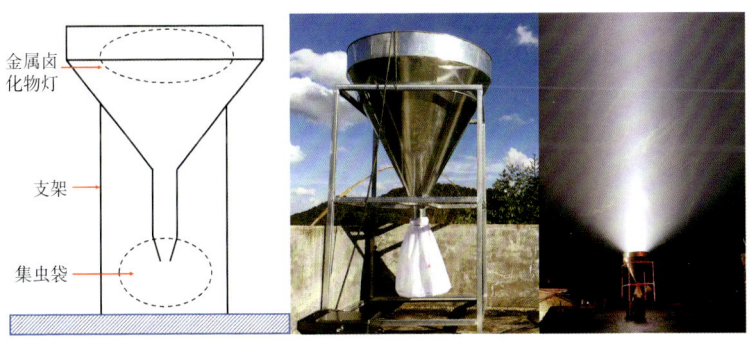

图22　高空测报灯示意及实物

卵巢解剖方法如下：① 用剪刀从蛾胸部向腹部尾端纵向剖开，并向两侧拉开体壁；② 拨开脂肪体及气管等组织，钩住卵巢管的顶端后可将其拉出腹外检查发育级别。草地贪夜蛾卵巢管发育始于蛹期，成虫卵巢发育可分成 5 个级别：乳白透明期（Ⅰ级）、卵黄沉积期（Ⅱ级）、成熟待产期（Ⅲ级）、产卵盛期（Ⅳ级）及产卵末期（Ⅴ级）（图 23）。

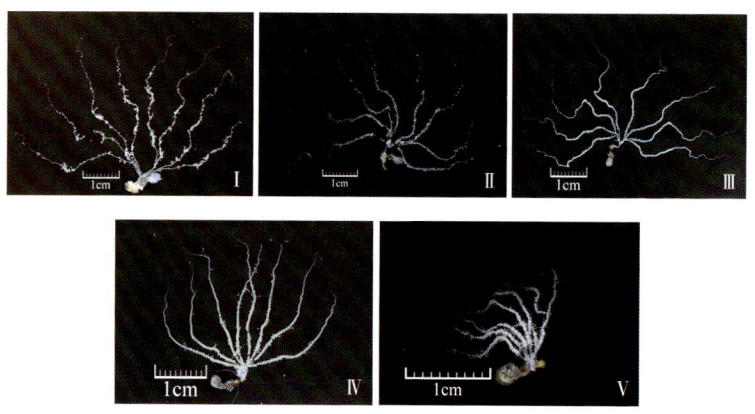

图 23　草地贪夜蛾卵巢发育分级

草地贪夜蛾卵巢各发育级别特征如下：乳白透明期（Ⅰ级）卵粒肉眼不可辨别，脂肪体形状不规则，并附着于卵巢管管壁，交配囊干瘪未交配；卵黄沉积期（Ⅱ级），卵粒清晰可辨，淡黄色，靠近总输卵管处有部分成熟卵粒，脂肪体乳白色，多呈葡萄串形，密布腹腔内，已有部分代谢，有一定萎缩，分支发达，附着于卵巢管壁，交配囊乳白色，囊腔干瘪，大部分未交配；成熟待产期（Ⅲ级），卵粒饱满，大部分已成熟，呈念珠状，排列紧密，脂肪体米黄色，密度显著降低，部分脂肪粒已经干瘪，分支发达，附着于卵巢管壁，交配囊颜色变深，至淡褐色，囊腔臌大，多已交配1~2次，交配囊中存在1~2个褐色精包，顶部干瘪球形；产卵盛期（Ⅳ级），卵粒黄绿色，饱满，已有部分成熟卵粒排出，排列稀疏，在中输卵管还存有待产卵粒，脂肪体白色，大部分脂肪粒已代谢、萎缩，仅剩丝状分支，交配囊囊腔显著臌大，多交配2~3次；产卵末期（Ⅴ级），卵巢管显著萎缩，绝大部分卵粒已排出，仅剩少量遗卵，几乎无脂肪粒，仅剩少量丝状分支残存体腔或附着卵巢管壁，交配囊囊腔显著臌大，多交配2~4次。

3. 卵、幼虫调查方法

卵：在灯诱或性诱捕获成虫后，开始田间查卵工作，一般5天调查1次。苗期至灌浆期的玉米为主要产卵寄主，应作为重点调查对象。重点调查寄主植物叶片，背面或正面均有卵块（图24）。每块田采用棋盘式W形或对角线形5点取样（图25），玉米、高粱等作物每点查10株，小麦、大麦等作物每点查20株，取样点的间隔距离视田块大小而定。一般要求取样点距地边1 m以上，以避免边际效应。记载每株植物上的卵

图24　寄主作物田草地贪夜蛾产卵调查的重点部位

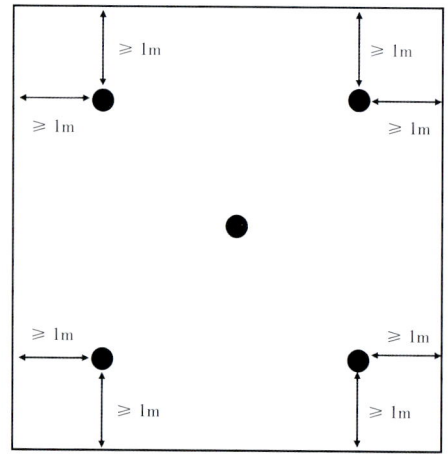

图25　草地贪夜蛾卵块及蛹调查5点取样法

块数和每块卵粒数。

幼虫：幼虫调查自卵始盛期开始，隔5天调查1次，直至幼虫化蛹。田间作物受害株常呈聚集分布，1个受害株的周围一般可见数量不等的受害株。田间取样方法同卵调查（图25）。观察为害状后，再调查叶片正反面、心叶、未抽出雄穗苞和果穗等作物重点受害部位，记载每株虫量及幼虫龄期。

4. 蛹调查方法

在5～6龄幼虫发生期后3天开始调查蛹密度和发育状态。采用五点取样方法，每点检查1m^2作物根部周围的土壤表面并挖查浅土层（深约8cm），对玉米等高秆作物亦需检查穗等部位。分别记录每平方米草地贪夜蛾的雌雄蛹量，并且根据蛹的体色记录蛹的日龄。

5. 草地贪夜蛾种群动态测报技术

根据田间卵、幼虫、蛹和成虫的调查结果，可利用草地贪夜蛾种群测报系统预测种群发生发展动态和防治适期等。该系统基于全国近10年的历史气温数据以及实时天气预报信息，根据用户提供的调查地点和田间卵、幼虫、蛹和成虫等调查数据提供预测结果。草地贪夜蛾种群测报系统网址：http://migrationinsect.cn。详细使用方法及操作指引请参考系统在线说明。

草地贪夜蛾种群测报系统使用流程如下（图26）：

（1）用户通过手动或自动定位输入所处地理位置。

（2）用户输入田间调查信息和草地贪夜蛾当前的虫态，例如：卵、幼虫、蛹、成虫。

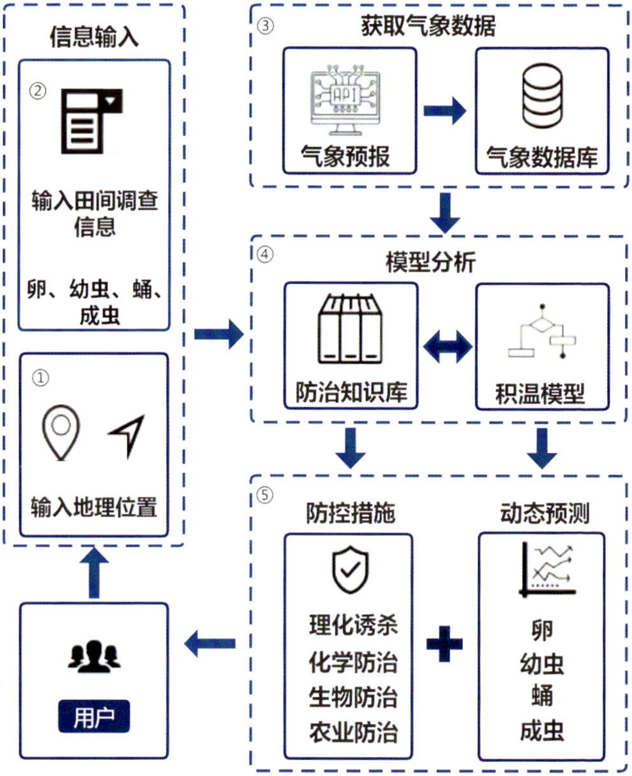

图26 草地贪夜蛾种群发生测报系统流程

（3）系统自动获取实时气象预报数据，并根据历史气温加权计算中短期气象预测。

（4）基于中短期气象预测，通过积温模型预测未来中短期的草地贪夜蛾发展动态，结合草地贪夜蛾防治知识库，生成相应的防治适期及防治方法。

（5）将系统生成的动态预测及防控措施作为结果返回至用户端。

七、草地贪夜蛾的综合防治技术

外来有害生物的发生发展过程包括入侵、定殖和暴发三个阶段。2019年草地贪夜蛾完成了在中国的入侵和定殖过程，2020年始将进入暴发为害阶段。就外来有害生物发生动态的一般规律而言，当摆脱原生地自然生态控制效应进入一个新的适宜栖息地后，其种群的发生量是原生境的5～10倍。每年春季后草地贪夜蛾即随东亚季风和印度季风逐步迁入中国西南、华中、华北、西北和东北地区为害除水稻以外的玉米、高粱、甘蔗、花生和麦类等多种农作物。

草地贪夜蛾远距离迁移的区域性和突发性决定化学防治是应急防控的主要手段。过多地使用化学农药不仅增加生产成本和加大食品安全与环境安全风险，还会出现因抗药性上升产生种群失控大面积暴发的局面。因此，基于目前的灾变形势和技术储备，我国草地贪夜蛾的防控工作要采取应急防控和绿色可持续控制两步走的阶段性策略。在近年内，实施以化学防治、物理防治、

七、草地贪夜蛾的综合防治技术

生物防治和农业防治为主的综合防治技术体系，旨在解决短期内生产上草地贪夜蛾为害的应急管控问题。然后，通过现代农业信息技术和生物技术的创新与应用，力争在3~5年的时间内构建和实施以精准监测预警、迁飞高效阻截和种植抗虫作物为核心的综合防治技术体系，实现低成本、绿色可持续控制目标，满足中国农业生产高质量发展和社会生态文明建设的战略性需求。

根据农业农村部2019年发布的《全国草地贪夜蛾防控方案》和《2020年全国草地贪夜蛾防控预案》，我国草地贪夜蛾的防控工作按照周年繁殖区、迁飞过渡区和重点防范区分区治理。周年繁殖区包括海南、广东、广西、云南、福建、四川、贵州、西藏等省（区）的热带和南亚热带气候分布区。重点控制当地为害损失，减少迁出虫源数量，实施周年监测发生动态，全力扑杀境外迁入虫源，遏制当地滋生繁殖，减轻迁飞过渡区防控压力；迁飞过渡区包括福建、湖南、江西、湖北、江苏、安徽、浙江、上海、重庆、四川、贵州、陕西等省（市）的中亚热带和北亚热带气候分布区。重点减轻当地为害、压低过境虫源繁殖基数，诱杀成虫，扑杀幼虫，遏制迁出虫口数量，减轻北方玉米主产区防控压力；重点防范区包括河南、山东、河北、山西、天津、北京、内蒙古、辽宁、吉林、黑龙江、安徽、陕西、甘肃、宁夏、新疆、青海等省（区、市）的温带气候区。坚持预防为主、综合防治的方针，重点保护玉米生产，降低为害损失率，全面诱杀迁入成虫，主攻低龄幼虫防治，将为害损失控制在最低限度。

1. 化学防治

化学防治的施药时期源于虫口密度达到防治指标的时间。根据全国农业技术推广服务中心的规定，周年繁殖区和迁飞过渡区草地贪夜蛾的防治指标为玉米苗期（7叶以下）至小喇叭口期（7～11叶）被害株率5%，大喇叭口期（12叶）以后10%；重点防范区的防治指标是玉米苗期（7叶以下）被害株率5%，玉米小喇叭口期（7～11叶）被害株率10%，玉米大喇叭口期（12叶）以后被害株率15%。在发生世代重叠、为害持续时间较长需要多次防治的情况下，亦可采用百株幼虫10头的防治指标。未达到防治指标地块可对受害植株定点施药。在农业农村部没有推荐防治指标之前，其他作物可以参照玉米执行。

我们通过室内外药效试验，筛选了一些防效较高的农药（表3）。总体而言，目前防效较高的杀虫剂有甲氨基阿维菌素苯甲酸盐（甲维盐）、乙基多杀菌素、氯虫苯甲酰胺、溴氰虫酰胺、四氯虫酰胺、虫螨腈、虱螨脲等。甲维盐为新型半合成抗生素杀虫剂，具胃毒和触杀功能，主要作用于昆虫神经系统的氯离子通道，使其产生过度兴奋导致麻痹，具高效、低毒、低残留等优点，但持效期短，易光解；乙基多杀菌素是一种半合成抗生素杀虫剂，具胃毒和触杀功效，作用于神经系统的烟碱型乙酰胆碱受体和 $\gamma-$ 氨基丁酸受体，促进或抑制神经信号传递，使神经系统紊乱致死，具有速效、低毒、低残留的特点；氯虫苯甲酰胺、四氯虫酰胺、溴氰虫酰胺、氟苯虫酰胺均为新型双酰胺类杀虫剂，胃毒剂、触杀剂且内吸性，作用于昆虫肌肉细胞鱼尼丁受体，使其出现活动迟缓、肌肉瘫痪、抽搐、拒食等，直至死亡，具有超高活性、持效期长、广谱、低毒的特点；虫螨腈为新型吡咯类杀虫剂，为胃毒剂、触杀剂，作用于昆虫体内线粒体多功能氧化酶，阻碍能量代谢，使昆虫致死，具有渗透性、内吸性、持效期长等特点；虱螨脲为新型取代脲类杀虫剂，胃毒剂、触杀剂，为昆虫蜕皮抑制剂，抑制昆虫表皮几丁质合成酶的合成，使幼虫无法完成蜕皮过程，畸形而死，具有低毒、对天敌无害的特点。

表3 筛选的高效杀虫剂对草地贪夜蛾的田间防治效果
（云南江城，2019）

药　剂	药后1天防效（%）	药后3天防效（%）	药后7天防效（%）
60 g/L 乙基多杀菌素悬浮剂	71.46	89.96	92.59
5% 甲维盐微乳剂	62.63	74.77	88.77
200 g/L 氯虫苯甲酰胺悬浮剂	31.01	83.06	86.52
5% 氯虫苯甲酰胺超低容量剂	34.11	75.88	85.81
75% 乙酰甲胺磷可溶性粉剂	64.12	80.33	81.42
10% 多杀霉素水分散颗粒剂	47.03	65.26	73.62
8000IU/μL 苏云金杆菌悬浮剂	27.96	42.71	64.01

鉴于草地贪夜蛾周年繁殖期年种植玉米2～3季、防治用药8～12次，为延缓抗性的发展，应轮换使用不同作用机理、不同作用靶标的化学农药。全国农业技术推广服务中心印发的《草地贪夜蛾应急防治药剂科学使用指导意见》提出了周年繁殖区、迁飞过渡区和重点防范区空间轮换用药方案，可参照执行。

施药方式包括喷雾和拌种。用于喷雾的农药剂型有乳油、可湿性粉剂、悬浮剂、微乳剂等。喷雾雾滴直径越小越有利于药剂在茎叶器官的沉积，施药更均匀。防治草地贪夜蛾的拌种剂有溴氰虫酰胺和氯虫苯甲酰胺，主要适用于苗期防治。喷雾一般选择在晴天、微风的傍晚，避免作物露水稀释和紫外线照射，使雾化药液更均匀地沉积在作物表面。施用化学农药应避开寄生蜂、蜜蜂、猎蝽等有益昆虫活跃时间段以保护自然天敌。草地贪夜蛾幼虫3龄以后抗药性明显增加，应在幼虫发育至3龄以前施药。玉米营养生长期重点在喇叭口处施药，生殖生长期点喷果穗的方式精准施药，节省用药和劳动力成本（图27）。在配制药液时，要根据田间调查情况和作物面积提前计划好用药量，并严格按照商品农药规定的使用剂量准确配制药液，虫口密度高或高龄幼虫多时可使用推荐上限剂量；药液配制要使用清洁水源，避免杂质对药剂成分的吸附；施药前后应对喷雾器械做彻底清洗，避免除草剂等药液残留的影响；施药后1～3天应及时到田间检查防治效果，确定是否需要采取新的防治措施。施药时应严格做好个人安全防护，要

图27　化学防治重点喷施玉米喇叭口

求穿戴防护服、口罩和手套,避免皮肤接触,施药结束后及时清洗。废弃农药包装应带出农田,按要求妥善处理避免对水源产生污染。

2. 理化诱杀

草地贪夜蛾1头雌虫的产卵量为500～1500粒,杀死1头未产卵的成虫,相当于保护了1亩地的作物,诱杀成虫还具有环保等诸多优点。成虫诱杀方法包括灯诱、性诱和食诱三种方式。草地贪夜蛾具有趋光性,室内测定显示大约相当于棉铃虫趋光性的50%,但其对大功率高强度的灯光有较高的趋性。由于草地贪夜蛾是专性迁飞害虫,其飞翔活动多在作物冠层以上的空中进行。因此,与诱捕其他害虫时灯光照射到作物冠层高度不同,草地贪夜蛾的灯诱装备要把灯光照射到作物冠层以上的空中。最好把灯诱装备安置在地势较高的玉米田,使光线覆盖到玉米冠层以上的空中。灯具器械的安装和使用方法同上文测报灯。灯光诱杀不仅可以减轻草地贪夜蛾对当地作物的为害,还因阻截了草地贪夜蛾的迁移活动,对区域性甚至全国性的防控工作都有重要意义。

昆虫可以通过化学通讯系统将自己与同种的其它个体、异种或周围环境建立联系。化学通讯的优点是传送距离远、特异性高、隐蔽性好,在昆虫生殖、觅食、追踪、聚集、报警和调整种群密度等方面起着重要作用,科学家把传递信息的化学物质叫做化学信息素。利用草地贪夜蛾雌雄两性通讯信息素研发的性诱剂,可以诱捕杀死雄虫,并基于数量动态预测种群发生期。但由于雌雄蛾都可多次交配,且已在产卵前的迁飞阶段已完成了交配活动,在多数情况下利用性诱捕方法控制种群动态的效果不够理想。

在草地贪夜蛾与植物的化学通讯中,植物气味物质起着决定性的作用。它引诱成虫趋向寄主植物取食花蜜,或引导选择产卵寄主植物场所等行为。我国科技工作者已成功研发了基于草地贪夜蛾寄主植物信息素的成虫食诱剂(图28)。生产上可以使用食诱剂引诱草地

图28 草地贪夜蛾食诱剂诱捕器

夜蛾雌雄成虫后，采取适当的手段杀死它们，从而降低田间产卵量。具体使用方法可参照生产厂家的操作指南。

3. 生物防治

与化学防治相比，生物防治具有靶标选择性强、生态安全、不易产生抗性等优点，但应急防控效果差，适用于周年繁殖区使用，或其他地区低密度和低龄期条件下使用。天敌昆虫对草地贪夜蛾种群有明显的调控作用，需要加以保护与利用。人工繁殖天敌昆虫技术因成本较高，且受化学防治的制约难以大面积用于生产实践。由于我国没有草地贪夜蛾的专性寄生天敌，引进释放定殖美洲原生境的天敌是十分必要的。目前可应用大田防治草地贪夜蛾的生物防治产品主要有苏云金芽孢杆菌、球孢白僵菌、短稳杆菌和核型多角体病毒等生物农药。

苏云金杆菌是一类普遍存在于土壤中的芽孢杆菌，被昆虫取食后其伴孢晶体在中肠中降解，释放对昆虫有高毒性的杀虫晶体蛋白ICPs，使昆虫中肠细胞膜形成穿孔，患败血症死亡。田间药效试验表明，苏云金杆菌制剂对草地贪夜蛾的田间防效大约60%。苏云金杆菌对低龄草地贪夜蛾幼虫毒力较强，使用苏云金杆菌制剂防治时应注意观察田间虫口龄期，在幼虫3龄前施用。

球孢白僵菌是广谱寄生性真菌，主要通过无性繁殖产生分生孢子，孢子被昆虫取食或接触昆虫体壁后，通过孢子萌发产生的菌丝形成入侵结构，进而完成侵染，形成白僵虫。球孢白僵菌制剂对人、畜无毒，对作物安全，无残留，但是能感染家蚕幼虫，形成僵蚕病。球孢白僵菌制剂是通过菌体发酵产生的分生孢子，剂型多为可湿性粉剂、颗粒剂、可分散油悬浮剂等。白僵菌孢子萌发需要高温高湿的环境条件，同时，紫外线照射可导致孢子活力大幅下降和孢子萌发延缓。室内毒力试验表明，球孢白僵菌对草地贪夜蛾2龄幼虫药后5日防效可达71.6%，具有田间应用价值。球孢白僵菌应在高温高湿的季节使用，施用时间要选择在傍晚，重点喷施玉米喇叭口芯、花丝等幼虫偏好为害的部位，使药液与虫体充分接触。田间僵虫产生的孢子有利于田间球孢白僵菌种群的建立和增殖，可对草地贪夜蛾等害虫产生持续的控制作用。

甘蓝夜蛾核型多角体病毒是一种广谱性昆虫病毒，通过被靶标害虫取食而感染，进而在体内增殖，侵染全身，导致害虫死亡。昆虫病毒会在靶标种群内引发昆虫病毒病流行，具有持久控制害虫的潜力。昆虫病毒病发病需要3~5天时间，因此，使用昆虫病毒制剂防治草地贪夜蛾，应在卵孵化盛期使用，同时，避免与其他碱性、酸性农药混用。田间药效表明，我国商品化的甜菜夜蛾核型多角体病毒、甘蓝夜蛾核型多角体病毒、棉铃虫核型多角体病毒、斜纹夜蛾核型多角体病毒对草地贪夜蛾的防治效果在田间适宜环境下的防效可达70%。

4. 农业防治

农业措施可以通过营造不适宜草地贪夜蛾在重点作物上的发生环境，而降低种群数量和为害程度。在滇西南等地区，马唐、稗草、牛筋草等杂草是草地贪夜蛾重要的桥梁寄主植物，通过田间除草可以切断草地贪夜蛾在不同寄主间转移为害的链条而压低作物田虫量。中耕可直接破坏草地贪夜蛾的蛹室，将虫蛹深翻至深土层致死或将虫蛹翻至土表被天敌捕食。灌水可提高土壤湿度杀死虫蛹，减少成虫数量。加强对玉米、高粱、小麦等作物的营养管理，可增强作物耐害性和提高受害后的补偿能力。

草地贪夜蛾对玉米有极强的产卵偏好性，可在小麦、花生、谷子、甘蓝、甘蔗等作物田边种植一定比例的玉米作为诱集带,吸引草地贪夜蛾集中产卵(图29)。田间试验表明,玉米营养生长期落卵量为20.3块/百株,是同期高粱、小麦、花生、谷子、大豆等其他作物落卵总量的7.6倍,玉米虫口密度达95.2头/百株,为同期其他作物的76.7倍。因此,小麦、花生、谷子、大豆等作物田间种植一定比例的玉米作为诱集带,可吸引草地贪夜蛾集中产卵。由于草地贪夜蛾偏好苗期

图29 田边或田埂种植玉米、牛筋草诱集草地贪夜蛾产卵后使用化学农药集中杀灭

1-条带种植玉米庇护小麦;2-条带种植玉米庇护花生;
3-田埂种植牛筋草庇护辣椒;4-田边四周种植玉米庇护多种作物

至小喇叭口期玉米产卵，应根据草地贪夜蛾产卵时间的测报结果，适时种植玉米使其苗期至小喇叭口期与草地贪夜蛾的产卵高峰期一致。此外，田埂种植牛筋草亦可诱集草地贪夜蛾产卵后集中杀灭。田间调查显示，牛筋草平均受害率达86.4%，虫口密度76头/百株，而辣椒平均受害率2.5%、虫口密度仅为3头/百株。